Sitzungsberichte

der

Heidelberger Akademie der Wissenschaften

Stiftung Heinrich Lanz

Mathematisch-naturwissenschaftliche Klasse

*) *Jahrgang 1921 erschien im Verlage von Carl Winters Universitätsbuchhandlung in Heidelberg.*

Im Verlag von Walter de Gruyter & Co. vormals G. J. Göschen'sche Verlagshandlung — J. Guttentag, Verlagsbuchhandlung — Georg Reimer — Karl J. Trübner — Veit & Comp., Berlin erschienen:

Abteilung A. Mathematisch-physikalische Wissenschaften.

Jahrgang 1922.

1. PERRON, OSKAR. Neue Summationsmethoden und Entwicklungen nach Polynomen. Reichsmark 0·30
2. PERRON, OSKAR. Über transzendente Funktionen auf RIEMANNschen Flächen. Reichsmark 0·60
3. BALDUS, RICHARD. Über die singulären Punkte reeller Parameterkurven. Reichsmark 0·50

Jahrgang 1923.

1. DEECKE, W. Mitteleuropäische Meeresströmungen der Vorzeit. Reichsmark 0·60
2. LIEBMANN, HEINRICH. Die LIE'sche Cyklide und die Inversionskrümmung. Reichsmark 0·40
3. PERRON, OSKAR. Über Gleichungen ohne Affekt. Reichsmark 0·40
4. LIEBMANN, HEINRICH. Beiträge zur Inversionsgeometrie III. Reichsmark 0·40
5. KRATZERT, J. Beitrag zur Kenntnis des Andesins von Bodenmais. Reichsmark 0·50

Jahrgang 1924.

1. TH. CURTIUS und A. BERTHO. Einwirkung von Stickstoffkohlenoxyd und von Stickwasserstoffsäure unter Druck auf aromatische Kohlenwasserstoffe. Reichsmark 0·50
2. LIEBMANN, HEINRICH. Umkehrung des Variationsproblems der ebenen Affingeometrie. Reichsmark 0·60
3. SALOMON, WILHELM. Die Intensitäten alluvialer und diluvialer geologischer Vorgänge und ihre Einwirkung auf die pliocäne Rumpffläche des Kraichgaues und Odenwaldes. Reichsmark 1·20
4. HEFFTER, L. Zur absoluten Geometrie. Reichsmark 0·60
5. VAN WERVEKE, L. Über die Entstehung der lothringischen Lehme und des mittelrheinischen Lößes. Reichsmark 1·50

[Fortsetzung siehe 3. Umschlagsseite.]

*) Bestellungen auf solche Veröffentlichungen der math.-naturw. Klasse, welche früher im Verlag von Carl Winters Universitätsbuchhandlung in Heidelberg erschienen sind, nimmt auch der Verlag Walter de Gruyter & Co., Berlin, entgegen.

Sitzungsberichte
der Heidelberger Akademie der Wissenschaften
Stiftung Heinrich Lanz
Mathematisch-naturwissenschaftliche Klasse
Jahrgang 1927. 5. Abhandlung.

Die Verbiegung des verlängerten Rotationsellipsoids

Von

Eduard Rembs
in Bonn.

Vorgelegt in der Sitzung vom 26. Februar 1927
durch Herrn Liebmann.

Berlin und Leipzig 1927
Walter de Gruyter & Co.
vormals G. J. Göschen'sche Verlagshandlung / J. Guttentag, Verlagsbuchhandlung / Georg Reimer / Karl J. Trübner / Veit & Comp.

Die Verbiegung des verlängerten Rotationsellipsoids.[1])

Seit der Veröffentlichung des ersten, von LIEBMANN[2]) gegebenen Beweises für die Unverbiegbarkeit der (geschlossenen) Eiflächen ist eine größere Anzahl von Arbeiten erschienen, die sich mit diesem und verwandten Gegenständen befassen, und über die in mehreren der unten genannten Abhandlungen berichtet wird. Neuerdings wieder ist die „Starrheit der Eiflächen von A. SCHUR (Vortrag auf der Jahresversammlung zu Düsseldorf, bisher nicht veröffentlicht) bewiesen worden. Auch offene unverbiegbare Flächen sind bekannt.[3]) Eine wichtige Ergänzung erfuhr der ganze Fragenkomplex durch den von LIEBMANN[4]) bewiesenen Satz, daß eine mit noch so kleiner Öffnung versehene Kugel im Gegensatz zur Vollkugel verbogen werden kann. LIEBMANN spricht im Zusammenhang damit die Vermutung aus, daß Entsprechendes für jede Eifläche gälte. Es erschien wünschenswert, diese Frage wenigstens für einen weiteren besonderen Fall zu untersuchen. Nun sind Methoden für die Bestimmung von Biegungsflächen einer vorgelegten Fläche „durch schrittweise Annäherung“ angegeben worden.[5])[6]) In dem von uns im Folgenden betrachteten Falle des verlängerten Rotationsellipsoids aber, der übrigens auf jene Art bisher nicht genauer behandelt wurde, gelangt man auch ohne Anwendung der erwähnten Methoden zum Ziel. Wir bedienen uns dabei des Satzes von GUICHARD über das verlängerte Rotationsellipsoid. Durch diesen Satz wird jeder Biegungsfläche des verlängerten Rotationsellipsoids eine Biegungsfläche der Kugel zugeordnet, die sich aus jener leicht bestimmen läßt. Unsere Aufgabe ist die umgekehrte[7]), zu einer vorgelegten Biegungsfläche der Kugel Biegungsflächen des verlängerten Rotationsellipsoids zu finden. Wenn als Biegungsflächen der Kugel gerade die von LIEBMANN herangezogenen,

[1]) Im Auszug auf der Jahresversammlung der Deutschen Mathematiker-Vereinigung zu Düsseldorf am 24. September 1926 vorgetragen.

[2]) LIEBMANN: Göttinger Nachrichten 1899; Math. Annalen 1900.

[3]) REMBS: Dissertation, Bonn 1918.

[4]) LIEBMANN: Münchener Berichte 1919.

[5]) LIEBMANN: Münchener Berichte 1920.

[6]) LAGALLY: Math. Zeitschrift 1923.

[7]) BIANCHI-LUKAT, 2. Aufl., Kap. 18.

von SIEVERT[1]) angegebenen Enneperflächen benützt werden, so gelingt es in der Tat, Biegungsflächen des verlängerten Rotationsellipsoids in endlicher Form zu ermitteln.

Wir machen zunächst eine Bemerkung über geodätische Linien und geodätische Kreise auf Flächen der konstanten Krümmung $+1$ (§ 1). In § 2 beschäftigen wir uns mit den SIEVERTschen Flächen, ihren Minimalkurven und geodätischen Linien, sowie mit LIEBMANNS Verbiegung der „angebohrten" Kugel. § 3 enthält die allgemeine Umkehrung des GUICHARDschen Satzes, herausgelöst aus der Theorie der Transformation der Flächen konstanter Krümmung, in die sie bei BIANCHI[2]) verwoben ist, und führt die Aufgabe zurück auf eine totale Riccatische Gleichung, die für den Fall der SIEVERTflächen als Ausgangsflächen in § 4 vollständig integriert wird. Die so gewonnenen neuen Flächen werden in § 5 zur Ausdehnung des LIEBMANNschen Satzes über die mit kleinem Loch versehene Kugel auf das Rotationsellipsoid verwandt.

§ 1.

Zu den LIOUVILLEschen Flächen[3]), auf denen sich die Gleichung der geodätischen Linien integrieren läßt, gehören bekanntlich auch die Flächen konstanter Krümmung $(+1)$, und es ist zur Lösung dieser Aufgabe nur erforderlich, daß die Gleichung der Minimalkurven integriert wird. Dann läßt sich nämlich das Linienelementquadrat[3]) der Fläche auf die Form bringen:

(1) $$ds^2 = -\frac{4\,dp\,dq}{(p+q)^2}$$

$p = \text{const}$ und $q = \text{const}$ stellen die Minimalkurven der Fläche dar.

Die Differentialgleichung der geodätischen Linien lautet:

(2) $$(p+q)\,(q'p''-p'q'')+2p'q'(q'-p')=0,$$

wo die Striche die Ableitungen der als Funktionen eines Parameters t betrachteten Größen p, q andeuten. In endlicher Form können die geodätischen Linien folgendermaßen geschrieben werden:

(3) $$p\cdot q + A(p-q) = B^2$$

mit den Integrationskonstanten A, B.

Die geodätische Entfernung eines Punktes p, q von dem Punkte p_1, q_1 werde mit φ bezeichnet. Längs der beide verbindenden geodätischen Linie ist nach 3:

$$(q+A)\,dp + (p-A)\,dq = 0,$$

[1]) SIEVERT: Dissertation, Tübingen 1886.

[2]) BIANCHI-LUKAT, 2. Aufl., Kap. 18.

[3]) BIANCHI-LUKAT, 2. Aufl., § 88; SCHEFFERS, 2. Aufl., S. 488.

mithin: $$d\varphi = \frac{2\sqrt{B^2 - A^2}\,dp}{(p-A)^2 + (B^2 - A^2)}$$

also $$\operatorname{tg}\frac{\varphi}{2} = \frac{\sqrt{B^2 - A^2}\,(p - p_1)}{B^2 - A^2 + (p-A)(p_1 - A)}$$

Aus (3) und $p_1 q_1 + A(p_1 - q_1) = B^2$ ergibt sich:

$$B^2 - A^2 = \frac{(p-p_1)(q_1 - q)(p+q_1)(q+p_1)}{(p+q_1-p_1-q)^2};$$

$$(p-A)(p_1 - A) = \frac{(p+q_1)(q+p_1)(p-p_1)^2}{(p+q_1-p_1-q)^2},$$

daher endlich:

$$\operatorname{tg}\frac{\varphi}{2} = \sqrt{\frac{(p-p_1)(q_1-q)}{(p+q_1)(q+p_1)}}, \tag{4}$$

und damit diese Formel anwendbar sei, braucht nur ds^2 auf die Form 1 gebracht zu werden.

Betrachtet man p_1, q_1 als konstant, so muß φ als Funktion von p, q der aus der Theorie der geodätischen Linien bekannten Gleichung

$$\Delta_1 \varphi = 1$$ [1], d. i.

$$\frac{\partial\varphi}{\partial p}\cdot\frac{\partial\varphi}{\partial q} = -\frac{1}{(p+q)^2} \text{ genügen;}$$

das ist der Fall. Die Kurven $\varphi = \text{const}$ sind geodätische Kreise um den Punkt p_1, q_1 mit dem (geodätischen) Radius φ.

§ 2.

Um die in § 1 erhaltene Formel auf die Sievertflächen anwenden zu können, müssen wir auf diesen die Gleichung der Minimalkurven integrieren. Die Sievertflächen stellen eine einparametrige Schar von Flächen mit dem Parameter C dar, über deren Gestalt man sich an Hand der Arbeiten von Sievert oder Liebmann unterrichten kann. An Stelle der Gleichungen, die Sievert später angab und die Liebmann benützte, verwenden wir eine der ursprünglichen Sievertschen Darstellung entsprechende, die für unsere Zwecke allein in Frage kommt. Die einzelne Sievertfläche sei bezogen auf die Parameter u, v. Wir bedienen uns der folgenden, sehr zweckmäßigen Abkürzungen:

[1]) Bianchi-Lukat, 2. Aufl., § 81 und § 82.

$$(5)\qquad U=\frac{\operatorname{Cos}(u\sqrt{C})^{1)}}{\sqrt{C}};\quad V=\frac{\cos(v\sqrt{C+1})}{\sqrt{C+1}}$$

Demnach ist: $U'=\operatorname{Sin}(u\sqrt{C});\ V'=-\sin(v\sqrt{C+1})$

Von den hieraus und aus (5) folgenden Gleichungen

$$(6)\qquad CU^2-U'^2=1;\ (C+1)V^2+V'^2=1$$

$$(7)\qquad U''=C\cdot U;\ V''=-(C+1)V$$

wird fernerhin dauernd Gebrauch zu machen sein.

Erwähnt sei ferner die folgende Gleichung:

$$(8)\qquad U'^2+V^2+V'^2=C\,(U^2-V^2)$$

Der Theorie der Flächen konstanter positiver Krümmung liegt bekanntlich[2]) die Gleichung zugrunde:

$$(9)\qquad \frac{\partial^2\vartheta}{\partial u^2}+\frac{\partial^2\vartheta}{\partial v^2}+\operatorname{Sin}\vartheta\cdot\operatorname{Cos}\vartheta=0$$

Die SIEVERTflächen gehören zur Lösung

$$(10)\qquad e^{\vartheta}=\frac{U+V}{U-V}$$

dieser Fundamentalgleichung, und man wird auf sie geführt, wenn man die einfachsten Lösungen von der Form 10 sucht, wobei U nur von u, V nur von v abhängig ist. Die Gleichungen der SIEVERTflächen sind nunmehr:

$$(11)\qquad x=\frac{2U(V\cos v-V'\sin v)}{C(U^2-V^2)};\ y=-\frac{2U(V\sin v+V'\cos v)}{C(U^2-V^2)};$$

$$z=u-\frac{2UU'}{C(U^2-V^2)}\ {}^{3)}$$

Für die Flächennormalen gilt:

$$(12)\qquad \left\{\begin{aligned} X&=-\cos v+\frac{2V(V\cos v-V'\sin v)}{C(U^2-V^2)}\\ Y&=\sin v-\frac{2V(V\sin v+V'\cos v)}{C(U^2-V^2)}\\ Z&=-\frac{2U'V}{C(U^2-V^2)}\end{aligned}\right.$$

---

[1]) Gemeint ist der hyperbolische Cosinus.

[2]) BIANCHI-LUKAT, 2. Aufl., § 269.

[3]) SIEVERT gibt die Flächen in Zylinderkoordinaten an. Zu seiner zweiten, von LIEBMANN benützten Darstellungsweise kommt man durch die Substitution:

$$\sqrt{C}\cdot u=\lg\operatorname{tg}\frac{\varphi}{2};\quad \sqrt{C+1}\,v=w.$$

(Die Größe φ hat nichts mit der von uns so genannten zu tun.)

Die Flächen sind auf die Krümmungslinien bezogen. Bezeichnet man mit E, F, G bzw. D, D', D'' die Fundamentalgrößen erster und zweiter Ordnung, so bestehen die Gleichungen:

$$(13)\qquad \sqrt{E} = \operatorname{Cos}\vartheta = \frac{U^2+V^2}{U^2-V^2};\quad \sqrt{G} = \operatorname{Sin}\vartheta = \frac{2UV}{U^2-V^2};$$

$$D = D'' = -\operatorname{Sin}\vartheta\cdot\operatorname{Cos}\vartheta;\quad F = D' = 0$$

Von Interesse für uns ist besonders ein singularitätenfreies Stück der Fläche, das von einer Doppelkurve und 2 Rückkehrkanten begrenzt wird (vgl. die Arbeit von LIEBMANN). Mit wachsendem C wächst auch das sphärische Bild des Flächenstücks. Um zu zeigen, daß die Kugel Grenzfläche für $C=\infty$ ist, setze man:

$$(14)\qquad U' = -\frac{\operatorname{tg}\mathfrak{u}}{\sqrt{C}};\quad V' = -\frac{\operatorname{tg}\mathfrak{v}}{\sqrt{C}}$$

Dann wird asymptotisch:

$$(15)\qquad U \approx \frac{1}{\sqrt{C}};\quad V \approx \frac{1}{\sqrt{C}};$$

da ferner in x und y die Glieder mit sin v stärker verschwinden als die mit cos v, erhält man, am besten mit Benutzung von (8), in der Grenze ohne weiteres:

$$(16)\qquad x = \frac{2}{1+\operatorname{tg}^2\mathfrak{u}+\operatorname{tg}^2\mathfrak{v}};\quad y = \frac{2\operatorname{tg}\mathfrak{v}}{1+\operatorname{tg}^2\mathfrak{u}+\operatorname{tg}^2\mathfrak{v}};$$

$$z = \frac{2\operatorname{tg}\mathfrak{u}}{1+\operatorname{tg}^2\mathfrak{u}+\operatorname{tg}^2\mathfrak{v}};$$

d. h. es ist $$(x-1)^2+y^2+z^2 = 1$$

Die LIEBMANNsche Grenzkugel berührt also die y, z-Ebene im Nullpunkte. (16) ist genau die LIEBMANNsche Darstellung.

(17) Aus $$\operatorname{tg}\mathfrak{u} = \frac{z}{x};\quad \operatorname{tg}\mathfrak{v} = \frac{y}{x}$$

ergibt sich die geometrische Bedeutung von $\mathfrak{u}$ und $\mathfrak{v}$.

Wir gehen jetzt zur Integration der Gleichung der Minimalkurven

$$E\,du^2 + G\,dv^2 = 0$$

auf den Flächen 11 über. Zunächst sei (vgl. 13):

$$(18)\qquad (U^2+V^2)\,du + 2i\,UV\,dv = 0$$

Multipliziert man mit $C+1$ und berücksichtigt 6 und 7, so erhält man für $$W = V'$$
als Funktion von u die Riccatische Gleichung:

$$(19)\qquad 2i\,U\frac{dW}{du} = -W^2 + (C+1)\,U^2 + 1$$

(Man vergleiche hierzu übrigens BIANCHI-LUKAT, 2. Aufl. S. 694, § 363 sowie die Arbeit von WANGERIN in der Festschrift der Universität Halle 1894.)

Von dieser Gleichung können wir 2 Partikularlösungen angeben, nämlich:

$$W = \pm U - i U'$$

Wenn ich aber von einer RICCATIschen Gleichung 2 Partikularlösungen W_1 und W_2 kenne und, wie gewöhnlich, mittels der einen, etwa W_1, zu einer linearen Gleichung übergehe, so ist mir auch von dieser eine Lösung bekannt. Dieser Sachverhalt kann kurz so ausgedrückt werden: Sind W_1 und W_2 zwei Lösungen einer RICCATIschen Gleichung, und setzt man

$$W = W_1 + \frac{1}{\frac{1}{W_2 - W_1} + R}, \tag{20}$$

so genügt R einer verkürzten linearen Gleichung. (Wir erwähnen dies im Hinblick auf die später zu erörternde totale RICCATIsche Gleichung.)

Hier ist

$$R' = \left(-i - \frac{U'}{U}\right) \cdot R$$

Man findet

$$W = U - i U' + \frac{2U}{-1 + p e^{-iu}}$$

mit der Integrationskonstanten p.

Man setze nun wieder $W = V'$ und löse nach p auf. Verfährt man entsprechend mit der Gleichung:

$$\sqrt{E}\,du - i\sqrt{G}\,dv = 0$$

und nennt die Integrationskonstante q, so kommt schließlich:

$$p = \frac{U + V' + i U'}{-U + V' + iU'} \cdot e^{iu}\,; \qquad q = \frac{U - V' + i U'}{-U - V' + iU'} \cdot e^{iu} \tag{21}$$

$p = \text{const}$ und $q = \text{const}$ sind die Gleichungen der Minimalkurven. Wollte man p und q in 11 als Parameter einführen, so wäre 21 nach u und v aufzulösen, was wohl nicht gelingt. Aber auch ohne das erkennt man Folgendes: Bestimmt man nach 21 dp, dq und $(p+q)^2$, so ergibt sich, daß direkt

$$ds^2 = E\,du^2 + G\,dv^2 = -\frac{4\,dp\,dq}{(p+q)^2}$$

ist, wie es in 1 für die Anwendung der Formeln des § 1 gefordert wird. Demnach haben die Gleichungen der geodätischen Linien die

Form 3 (§ 1) und für die geodätische Entfernung gilt 4, wobei p und q gemäß 21 zu ersetzen sind. Der zu p konjugiert komplexe Wert sei $\bar{p}$; dann ist nach 21 $q=\frac{1}{\bar{p}}$. Berücksichtigt man das, so ist leicht zu zeigen, daß 4 für reelle Flächenpunkte $p, q; p_1, q_1$ nur reelle Werte liefern kann.

Als Beispiel berechnen wir die geodätische Entfernung eines Punktes u, v von $u_1=v_1=0$. ($p_1=q_1=-1$ nach 21 und 5.) 4 ergibt dann

$$\operatorname{tg}\frac{\varphi}{2}=\sqrt{\frac{p+q+pq+1}{p+q-pq-1}},$$

d. i.

$$\operatorname{tg}\frac{\varphi}{2}=\sqrt{\frac{V'^2\cos^2\frac{u}{2}+(U'\cos\frac{u}{2}+U\sin\frac{u}{2})^2}{V'^2\sin^2\frac{u}{2}+(U\cos\frac{u}{2}-U'\sin\frac{u}{2})^2}}$$

Insbesondere erhält man für $u=0$; $U'=0$; $U=\frac{1}{\sqrt{C}}$:

$$\operatorname{tg}\frac{\varphi}{2}=\sqrt{C}\,V'$$

Von den nächstgelegenen Randpunkten $V'=\pm 1$ unseres singularitätenfreien Stückes hat der Punkt $u=v=0$ also Entfernungen vom Betrag

$$\varphi=2\operatorname{arc}\operatorname{tg}\sqrt{C},$$

sodaß die kürzeste durch diesen Punkt gehende geodätische Linie die Gesamtlänge $4\operatorname{arc}\operatorname{tg}\sqrt{C}$ besitzt. Aus 12 läßt sich ferner berechnen, daß die Normalen der Fläche in den beiden genannten Randpunkten den Winkel $2\pi-\frac{\pi}{\sqrt{C+1}}$ bilden. Das gibt ein Maß für den Grad der Verbiegbarkeit großer Kugelzonen. $4\operatorname{arc}\operatorname{tg}\sqrt{C}$ ist der Winkel diametral einander gegenüberliegender Randpunkte der Zone vor der Verbiegung, $2\pi-\frac{\pi}{\sqrt{C+1}}$ der größte dieser Winkel nach der Verbiegung, wenn die Verbiegung im Sinne von LIEBMANN so weit wie möglich getrieben wird. Dieser Winkel ist für alle in Betracht kommenden Werte von C (C positiv; die Halbkugel z. B. entspricht $C=1$) größer als $4\operatorname{arc}\operatorname{tg}\sqrt{C}$; die Differenz beider nimmt mit wachsendem C ab (entsprechend der geringeren Verbiegbarkeit größerer Kugelzonen), und zwar gegen 0; in der Tat ist die Vollkugel ja unverbiegbar.

Es sei noch bemerkt, daß die zu festen Werten u, v und veränderlichem C gehörenden Punkte der SIEVERTflächen einander bei dem Verbiegungsvorgang nicht entsprechen. Anders ausgedrückt: Die zu festem

u, v und veränderlichem C gehörigen Punkte erfüllen bei der Verbiegung nicht die Bahnkurve eines auf einer SIEVERTfläche (oder der Kugel) fixierten Punktes; das erkennt man einfach daran, daß E und G (vgl. 13) wegen 5 noch von C abhängen; u, v sind keine „Biegungsparameter". Solche haben wir mit p, q gewonnen; auch reelle „Biegungsparameter" (z. B. geodätische Polarkoordinaten) lassen sich nun angeben.

Nach 13 ist: $$E - G = 1$$

Daraus folgt: $$\frac{1}{\sqrt{G}} \frac{\partial \sqrt{E}}{\partial u} = \frac{1}{\sqrt{E}} \frac{\partial \sqrt{G}}{\partial u}$$

Dasselbe gilt für die Ableitungen nach v. Dann hat aber die Form
$$G\,du^2 + E\,dv^2$$
(vgl. z. B. BIANCHI-LUKAT, 2. Aufl. § 35, Formel 18 oder § 269) ebenso wie $E\,du^2 + G\,dv^2$ die Krümmung 1. Wir müssen uns noch kurz mit den Gleichungen der Minimalkurven:
$$(U^2 + V^2)\,dv \pm 2\,i\,U\,V\,du = 0$$
beschäftigen (vgl. 18).

Ihre Integration (man multipliziere mit C und betrachte U' als Funktion von v) liefert:

(22) $$\mathfrak{p} = \frac{V + U' + i\,V'}{-V + U' + i\,V'}\,e^{iv}; \qquad \mathfrak{q} = \frac{V - U' + i\,V'}{-V - U' + i\,V'}\,e^{iv} \qquad \text{(vgl. 21)}$$

Auch hier wird die geodätische Entfernung durch 4 angegeben.

§ 3.

Der GUICHARDsche Satz über die Biegungsflächen (B.) des verlängerten Rotationsellipsoids (v. R.) lautet: Rollt ein v. R. auf einer seiner B., so daß sie sich in entsprechenden Punkten berühren, so beschreibt jeder Brennpunkt des v. R. eine Fläche konstanter mittlerer Krümmung. Diese beträgt 1, wenn die halbe Hauptachse des v. R. 1 ist, was im Folgenden immer angenommen werden soll. Im Abstande 1 von jeder Fläche konstanter mittlerer Krümmung 1 liegt aber nach dem Bonnetschen Satze eine Fläche konstanter Gaußscher Krümmung 1; und so läßt sich zu jeder B. des v. R. eine B. der Kugel angeben. Die Fläche konstanter mittlerer Krümmung kann auch als Einhüllende eines ∞^2-Kugelsystems betrachtet werden. Endlich kann dem GUICHARDschen Satze eine solche Gestalt gegeben werden, daß er auf die Verbiegung eines Strahlensystems, und zwar eines Normalensystems hinauskommt. Diese Fassung ist für uns die brauchbarste. Die Kugel vom Radius 1 und das v. R. mit der halben Hauptachse 1 seien so gelegen, daß der Mittelpunkt der Kugel mit dem einen Brennpunkt des v. R. zusammenfällt. Man ziehe die Kugelradien. (Brennstrahlen des v. R.) Durch diese werden die Punkte der Kugel und des v. R. einander zugeordnet. Man stelle sich nun vor, daß das v. R. verbogen werde (gemeint ist: ein Teil von ihm, da es ja als Ganzes nicht biegbar ist) und denke die Strahlen während des Biegungsvorgangs starr mit der B. verbunden, mit der sie also dauernd dieselben Winkel bilden sollen. Die Punkte der Strahlen, die vor der Verbiegung auf der Kugeloberfläche lagen, werden dann (nach dem GUICHARDschen Satze) während des Biegungsvorganges eine Fläche konstanter Krümmung $+1$ erfüllen. Sie werden übrigens bei dieser „BELTRAMIschen Verbiegung“ (BIANCHI-LUKAT, 2. Aufl., S. 276) zu dieser Kugelbiegungsfläche dauernd normal sein.

Wir betrachten nun die Umkehrung. Das v. R. (Exzentrizität k), das also zu $x^2 + \frac{y^2+z^2}{1-k^2} = 1$, oder in Parameterdarstellung:

$$x = \cos\varphi;\; y = \sqrt{1-k^2}\sin\varphi\cos w;\; z = \sqrt{1-k^2}\sin\varphi\sin w \tag{23}$$

kongruent ist, hat das Linienelementquadrat:

$$ds^2 = (1-k^2\cos^2\varphi)\,d\varphi^2 + (1-k^2)\sin^2\varphi\,dw^2 \tag{24}$$

Die Länge der Brennstrahlen beträgt $1 + k\cdot\cos\varphi$. Um $k\cdot\cos\varphi$ sind also entsprechende Punkte der Kugel- und der Ellipsoidbiegungsfläche voneinander entfernt, und die Verbindungslinie beider Punkte ist zu jener normal. Sind also x, y, z die Koordinaten eines Punktes der Kugelbiegungsfläche, X, Y, Z die Richtungskosinus der Flächennormalen in diesem Punkte, so werden wir für die Koordinaten eines Punktes der B. des v. R. den Ansatz versuchen:

$$\mathfrak{x} = x + k\cdot\cos\varphi\cdot X;\; \mathfrak{y} = y + k\cdot\cos\varphi\cdot Y;\; \mathfrak{z} = z + k\cos\varphi\cdot Z \tag{25}$$

x, y, z; X, Y, Z sind Funktionen der Flächenparameter u, v. Es fragt sich, ob man φ als Funktion von u, v so bestimmen kann, bzw. welche Bedingungen es zu erfüllen hat, damit $\mathfrak{x}\,(u,v)$, $\mathfrak{y}\,(u,v)$, $\mathfrak{z}\,(u,v)$ eine B. unseres v. R. sei. Ferner machen wir noch die Annahme, die in dem später zu erörternden, in § 2 vorbereiteten Fall erfüllt ist, daß die Fläche x, y, z auf die Krümmungslinien bezogen, also $F = 0$, $D' = 0$ und außerdem wie in 13 $D = D'' = -\sqrt{EG}$ sei. Zugleich ist

$$\sum\left(\frac{\partial X}{\partial u}\right)^2 = G;\quad \sum\frac{\partial X}{\partial u}\frac{\partial X}{\partial v} = 0;\quad \sum\left(\frac{\partial X}{\partial v}\right)^2 = E$$

Aus den aus 25 folgenden Gleichungen:

$$\frac{\partial\mathfrak{x}}{\partial u} = \frac{\partial x}{\partial u} + k\cos\varphi\frac{\partial X}{\partial u} - k\sin\varphi X\frac{\partial\varphi}{\partial u};\; \frac{\partial\mathfrak{x}}{\partial v} = \frac{\partial x}{\partial v} + k\cos\varphi\frac{\partial X}{\partial v} - k\sin\varphi X\frac{\partial\varphi}{\partial v}$$

und entsprechenden für $\mathfrak{y}$, $\mathfrak{z}$ ergeben sich daher für die Fundamentalgrößen erster Ordnung der Fläche 25 die Werte:

$$(26)\quad \begin{cases} \mathfrak{E} = (\sqrt{E} + k\cos\varphi\sqrt{G})^2 + k^2\sin^2\varphi\left(\frac{\partial\varphi}{\partial u}\right)^2 \\ \mathfrak{F} = \qquad k^2\sin^2\varphi\,\frac{\partial\varphi}{\partial u}\cdot\frac{\partial\varphi}{\partial v} \\ \mathfrak{G} = (\sqrt{G} + k\cos\varphi\sqrt{E})^2 + k^2\sin^2\varphi\left(\frac{\partial\varphi}{\partial v}\right)^2 \end{cases}$$

Diese Größen müssen, da 25 eine B. des v. R. sein soll, mit den aus 24 resultierenden übereinstimmen, wenn dort

$$d\varphi = \frac{\partial\varphi}{\partial u}du + \frac{\partial\varphi}{\partial v}dv; \quad dw = \frac{\partial w}{\partial u}du + \frac{\partial w}{\partial v}dv$$

gesetzt wird, d. h. es muß sein:

$$(1 - k^2\cos^2\varphi)\left(\frac{\partial\varphi}{\partial u}\right)^2 + (1 - k^2)\sin^2\varphi\left(\frac{\partial w}{\partial u}\right)^2 = (\sqrt{E} + k\cos\varphi\sqrt{G})^2 + k^2\sin^2\varphi\left(\frac{\partial\varphi}{\partial u}\right)^2$$

$$(1 - k^2\cos^2\varphi)\frac{\partial\varphi}{\partial u}\frac{\partial\varphi}{\partial v} + (1 - k^2)\sin^2\varphi\frac{\partial w}{\partial u}\frac{\partial w}{\partial v} = k^2\sin^2\varphi\frac{\partial\varphi}{\partial u}\frac{\partial\varphi}{\partial v}$$

$$(1 - k^2\cos^2\varphi)\left(\frac{\partial\varphi}{\partial v}\right)^2 + (1 - k^2)\sin^2\varphi\left(\frac{\partial w}{\partial v}\right)^2 = (\sqrt{G} + k\cos\varphi\sqrt{E})^2 + k^2\sin^2\varphi\left(\frac{\partial\varphi}{\partial v}\right)^2$$

bzw. mit den Abkürzungen:

$$(27)\quad \frac{\sqrt{E} + k\cos\varphi\sqrt{G}}{\sqrt{1 - k^2}\sin\varphi} = a; \quad \frac{\sqrt{G} + k\cos\varphi\sqrt{E}}{\sqrt{1 - k^2}\sin\varphi} = b$$

$$(28)\quad \begin{cases} \frac{1}{\sin^2\varphi}\left(\frac{\partial\varphi}{\partial u}\right)^2 + \left(\frac{\partial w}{\partial u}\right)^2 = a^2 \\ \frac{1}{\sin^2\varphi}\frac{\partial\varphi}{\partial u}\frac{\partial\varphi}{\partial v} + \frac{\partial w}{\partial u}\frac{\partial w}{\partial v} = 0 \\ \frac{1}{\sin^2\varphi}\left(\frac{\partial\varphi}{\partial v}\right)^2 + \left(\frac{\partial w}{\partial v}\right)^2 = b^2 \end{cases}$$

Die Gleichungen 28 stellen also die sich zunächst ergebende analytische Form unserer Aufgabe dar. Unter Einführung einer Hilfsfunktion ψ versuchen wir, ihnen durch den Ansatz zu genügen:

$$(29)\quad \begin{cases} \dfrac{\partial \varphi}{\partial u} = -a \sin\varphi \sin\psi; & \dfrac{\partial \varphi}{\partial v} = b \sin\varphi \cos\psi \\ \dfrac{\partial w}{\partial u} = a \cos\psi; & \dfrac{\partial w}{\partial v} = b \sin\psi \end{cases}$$

Stellt man die Integrabilitätsbedingungen auf, so erkennt man, daß sie mit den beiden folgenden Gleichungen gleichbedeutend sind:

$$(30)\quad \frac{\partial \psi}{\partial u} - \frac{\partial \vartheta}{\partial v} = \frac{\partial a}{\partial \varphi} \sin\varphi \cos\psi; \quad \frac{\partial \psi}{\partial v} + \frac{\partial \vartheta}{\partial u} = \frac{\partial b}{\partial \varphi} \sin\varphi \sin\psi,$$

worin ϑ (u, v) die der Fläche x, y, z zugrunde liegende Lösung von 9 bedeutet; übrigens ist:

$$e^{\vartheta} = \sqrt{E} + \sqrt{G} = \frac{1}{\sqrt{E} - \sqrt{G}}$$

Die Integrabilitätsbedingung von 30 ist wegen 9 erfüllt. Die 4 folgenden Gleichungen für φ, ψ (die also w nicht mehr enthalten) stellen daher ein vollständiges integrierbares System dar:

$$(31)\quad \begin{cases} \dfrac{\partial \varphi}{\partial u} = -a \sin\varphi \sin\psi; \quad \dfrac{\partial \varphi}{\partial v} = b \cdot \sin\varphi \cos\psi \\ \dfrac{\partial \psi}{\partial u} - \dfrac{\partial \vartheta}{\partial v} = \dfrac{\partial a}{\partial \varphi} \sin\varphi \cos\psi; \quad \dfrac{\partial \psi}{\partial v} + \dfrac{\partial \vartheta}{\partial u} = \dfrac{\partial b}{\partial \varphi} \sin\varphi \sin\psi \end{cases}$$

Die Gleichungen 31 entsprechen denen von Bianchi-Lukat, 2. Aufl., S. 496, Gl. 15*; wir könnten uns statt mit 28 mit ihnen beschäftigen. Eine dritte, endgültige Fassung erhält unser Problem durch Einführung der Funktion:

$$(32)\quad \lambda = \operatorname{tg}\frac{\varphi}{2}\, e^{i\psi}$$

Die Gleichungen 31 können nämlich dadurch folgendermaßen zusammengefaßt werden:

$$(33)\quad \begin{cases} \dfrac{\partial \lambda}{\partial u} = -\dfrac{i}{2\sqrt{1-k^2}}(\sqrt{E} + k\sqrt{G}) + i\dfrac{\partial \vartheta}{\partial v}\lambda + \dfrac{i}{2\sqrt{1-k^2}}(\sqrt{E} - k\sqrt{G})\lambda^2 \\ \dfrac{\partial \lambda}{\partial v} - \dfrac{1}{2\sqrt{1-k^2}}(\sqrt{G} + k\sqrt{E}) - i\dfrac{\partial \vartheta}{\partial u}\lambda + \dfrac{1}{2\sqrt{1-k^2}}(\sqrt{G} - k\sqrt{E})\lambda^2 \end{cases}$$

Hieraus erhält man die Gleichungen 31 umgekehrt durch Trennung der reellen und imaginären Bestandteile. Die Gleichungen 33 sind beide vom Riccatischen Typus. Multiplizieren wir mit du bzw. dv und addieren, so erhalten wir die in der Einleitung erwähnte totale Riccatische Gleichung. Gesetzt wir hätten eine Lösung von 33 gefunden, so würden wir Lösungen φ, ψ von 31 haben und damit auch w gemäß der Forderung 29 bestimmen können; das Linienelementquadrat der Flächen 25, in die die gefundene Funktion φ einzusetzen wäre, würde sich daher auf die Form 24 bringen lassen, mit andern Worten, 25 würde dann eine B. des v. R. sein. Nach 32 ist $\operatorname{tg}\frac{\varphi}{2} = |\lambda|$. Ist also λ eine Lösung von 33, so stellt die Fläche 25 eine B. des v. R. dar, wenn

$$\cos\varphi = \frac{1-|\lambda|^2}{1+|\lambda|^2} \text{ gesetzt wird.} \tag{34}$$

Wenn wir, wie das im nächsten Paragraphen geschieht, die SIEVERT-flächen als Ausgangsflächen x, y, z verwenden, können wir 2 Partikularlösungen von 33 ermitteln und daher 33 vollständig integrieren.

§ 4.

Die Fläche x, y, z des § 3 sei die SIEVERTfläche, sodaß ϑ, E, G die in § 2 angegebenen Werte haben (vgl. 10 und 13). Aus 29 kann man eine Gleichung für φ allein bilden, die ausführlich lautet:

$$\frac{\left(\frac{\partial\varphi}{\partial u}\right)^2}{\left(\frac{\sqrt{E}+k\cos\varphi\sqrt{G}}{\sqrt{1-k^2}}\right)^2} + \frac{\left(\frac{\partial\varphi}{\partial v}\right)^2}{\left(\frac{\sqrt{G}+k\cos\varphi\sqrt{E}}{\sqrt{1-k^2}}\right)^2} = 1 \tag{35}$$

Den Kurven $\varphi = \text{const}$ sollen die Parallelkreise des v. R. entsprechen. Für $k=0$ hat man die SIEVERTflächen selbst, $\varphi = \text{const}$ bedeuten dann geodätische Kreise, φ ihre (geodätischen) Radien. In der Tat ergibt für $k=0$ die Gleichung 35:

$$\frac{\left(\frac{\partial\varphi}{\partial u}\right)^2}{E} + \frac{\left(\frac{\partial\varphi}{\partial v}\right)^2}{G} = 1 \tag{36}$$

also $\qquad \Delta_1\varphi = 1 \qquad$ (vgl. § 1)

Alle für uns in Betracht kommenden Funktionen φ (im Falle $k=0$) erhalten wir also, wenn wir in 4 für p_1, q_1 feste Werte nehmen und p, q nach 21 ersetzen. Wir wählen von diesen Lösungen die einfachsten aus:

$$\operatorname{tg}\frac{\varphi}{2} = \sqrt{\frac{p}{q}} \text{ bzw. } = \sqrt{\frac{q}{p}} \tag{37}$$

Sie entsprechen den Werten $0, \infty$ (bzw. umgekehrt) für p_1, q_1, die p, q wirklich in den Punkten $U'=0$; $V'=\pm U$ annehmen (vgl. 21).

Diese Ausdrücke (37) enthalten (nach 21) nur U, U' und V', dagegen nicht mehr e^{iu} Man bestimme mittels der beiden ersten Gleichungen von 29 die zugehörigen Werte von $\sin\psi$ und $\cos\psi$, nämlich

(38) $$\sin\psi = -\frac{1}{a\sin\varphi}\frac{\partial\varphi}{\partial u} \text{ und } \cos\psi = \frac{1}{b\sin\varphi}\frac{\partial\varphi}{\partial v}$$

und dann nach 32 die Funktion λ. Man findet:

(39) $$\lambda_{01} = \frac{U + V' + iU'}{-U + V' - iU'} \text{ und } \lambda_{02} = \frac{U - V' - iU'}{U + V' - iU'}$$

λ_{01} und λ_{02} stellen Lösungen von 33 dar für $k = 0$, und zwar die einfachsten, da in allen anderen noch Funktionen von der Art wie e^{iu} vorkommen. Wir vermuten, daß auch für beliebiges k das System 33 derartig einfache, linear von U, V, U', V' abhängige Lösungen hat. Um sie zu finden, erörtern wir noch den Fall $k = \infty$, dem für unsere Aufgabe ($0 \leqq k < 1$) eine reelle Bedeutung nicht zukommt. Auch hier kann 35 Anhaltspunkte für die Lösung geben. 35 lautet nämlich dann:

$$\frac{\left(\frac{\partial\varphi}{\partial u}\right)^2}{-\cos^2\varphi\cdot G} + \frac{\left(\frac{\partial\varphi}{\partial v}\right)^2}{-\cos^2\varphi\, E} = 1$$

(40) Setzt man also: $\operatorname{tg}\frac{\varphi}{2} = i\operatorname{tg}\frac{\chi}{2}$,

so muß χ der Gleichung genügen:

(41) $$\frac{\left(\frac{\partial\chi}{\partial u}\right)^2}{G} + \frac{\left(\frac{\partial\chi}{\partial v}\right)^2}{E} = 1$$

Diese Gleichung unterscheidet sich von 36 dadurch, daß E und G vertauscht sind. Am Schlusse des § 2 ist aber auch die Gleichung

$$G\,du^2 + E\,dv^2 = 0$$

integriert worden. Daher sind wir in der Lage, wie vorhin von 36, so jetzt von 41 die einfachsten Lösungen anzugeben; sie lauten:

$$\operatorname{tg}\frac{\chi}{2} = \sqrt{\frac{\mathfrak{p}}{\mathfrak{q}}} \text{ bzw. } = \sqrt{\frac{\mathfrak{q}}{\mathfrak{p}}} \qquad \text{(vgl. 22)}$$

Genau wie vorhin im Falle $k = 0$ die Funktionen λ_{01}, λ_{02}, so verschaffen wir uns jetzt mit Hilfe von 40, 38, 32 die Funktionen:

(42) $$\lambda_{\infty 1} = \frac{V + U' - iV'}{-V + U' + iV'} \text{ und } \lambda_{\infty 2} = \frac{V - U' + iV'}{V + U' + iV'},$$

die Lösungen von 33 für $k = \infty$ darstellen.

Und nun fragt es sich, ob 33 Lösungen der gesuchten Art besitzt, die für $k=0$ einen der Werte 39, für $k=\infty$ einen der Werte 42 annehmen. Versucht man 39 mit 42 zu kombinieren, so ist noch folgende Bemerkung nützlich: Die Gleichungen 33 stellen für $k=1$ überhaupt keine Differentialgleichung mehr dar, vielmehr liefern sie übereinstimmend für λ^2 den Wert:

$$\frac{\sqrt{E}+\sqrt{G}}{\sqrt{E}-\sqrt{G}}$$

d. h. für λ einen der Werte:

$$\pm\frac{U+V}{U-V}$$

Das führt dazu, λ_{01} mit $\lambda_{\infty 2}$ und λ_{02} mit $\lambda_{\infty 1}$ zu kombinieren und zu versuchen, ob etwa die Funktionen:

$$(43)\quad \begin{aligned} \lambda_1 &= \frac{U+kV+i\sqrt{1-k^2}\,U'+\sqrt{1-k^2}\,V'}{-U+k\,V-i\sqrt{1-k^2}\,U'+\sqrt{1-k^2}\,V'} \\ \text{und } \lambda_2 &= \frac{U+kV-i\sqrt{1-k^2}\,U'-\sqrt{1-k^2}\,V'}{U-k\,V-i\sqrt{1-k^2}\,U'+\sqrt{1-k^2}\,V'} \end{aligned}$$

Lösungen von 33 für beliebiges k sind. Das ist nun wirklich der Fall, wie sich durch Einsetzen bestätigen ließe. Doch soll diese Kontrolle im Hinblick auf die umständliche Rechnung vermieden werden. Auch sind die bisherigen Bemerkungen des § 4 über die Lösung unserer Aufgabe nur deshalb an die Gleichungen 33 angeschlossen worden, weil das der tatsächlichen Herleitung der Partikularlösungen 43 entspricht. Der Bau der Funktionen λ_1, λ_2 gibt uns aber Anlaß, eine Funktion μ statt λ einzuführen, die nun nicht nur für die Entscheidung, ob Partikularlösungen gefunden sind, sondern auch für die vollständige Lösung bequemer ist. Es sei:

$$(44)\quad \lambda=\frac{1+\mu}{1-\mu}$$

Aus 33 findet man für μ:

$$(45)\quad \begin{cases} \sqrt{1-k^2}\,(U^2-V^2)\dfrac{\partial\mu}{\partial u} = -i\,U(kV-\sqrt{1-k^2}\,V')+i(U^2+V^2)\mu \\ \qquad\qquad -i\,U(kV+\sqrt{1-k^2}\,V')\mu^2 \\ \sqrt{1-k^2}\,(U^2-V^2)\dfrac{\partial\mu}{\partial v} = \quad V(U+i\sqrt{1-k^2}\,U')-k(U^2+V^2)\mu \\ \qquad\qquad +V(U-i\sqrt{1-k^2}\,U')\mu^2 \end{cases}$$

Nach 43 und 44 müßten die folgenden Funktionen Partikularlösungen sein:

$$(46)\qquad \mu_1 = \frac{U + i\sqrt{1-k^2}\,U'}{kV + \sqrt{1-k^2}\,V'}; \quad \mu_2 = \frac{kV - \sqrt{1-k^2}\,V'}{U - i\sqrt{1-k^2}\,U'}$$

Der Nachweis hierfür erfordert in der Tat nur geringe Rechnung.

Um 45 vollständig zu integrieren, erinnern wir an eine Bemerkung, die hier volle Gültigkeit behält, über die gewöhnliche RICCATIsche Gleichung des § 2. Setzen wir, wie in § 2,

$$\mu = \mu_1 + \frac{1}{\dfrac{1}{\mu_2 - \mu_1} + R}$$

so ergibt sich:

$$(47)\quad \begin{cases} \dfrac{\partial \lg R}{\partial u} = \dfrac{i}{\sqrt{1-k^2}} - \dfrac{2UU'}{U^2 - V^2} \\ \dfrac{\partial \lg R}{\partial v} = \dfrac{k}{\sqrt{1-k^2}} - \dfrac{2V}{\sqrt{1-k^2}} \cdot \dfrac{(1-k^2)\,C + 1}{kV + \sqrt{1-k^2}\,V'} + \dfrac{2VV'}{U^2 - V^2} \end{cases}$$

$$(48)\quad \text{also:}\quad R = \text{const} \cdot \frac{(kV + \sqrt{1-k^2}\,V')^2}{U^2 - V^2} \cdot e^{\frac{iu - kv}{\sqrt{1-k^2}}}$$

Somit findet man als allgemeine Lösung von 45:

$$(49)\quad \mu = \frac{kV - \sqrt{1-k^2}\,V' - C^*\,(U + i\sqrt{1-k^2}\,U')\,e^{\frac{iu-kv}{\sqrt{1-k^2}}}}{U - \sqrt{1-k^2}\,U' - C^*\,(kV + \sqrt{1-k^2}\,V')\,e^{\frac{iu-kv}{\sqrt{1-k^2}}}}$$

C^* ist eine komplexe Größe:

$$C^* = C_1 + i\,C_2$$

Bilden wir λ nach 44 und $\cos\varphi$ nach 34, so stellen die Gleichungen 25 für jedes k (Exzentrizität) und jedes C (jede der SIEVERTflächen) ∞^2 B. des v. R. dar. Wir wollen sagen, daß eine B. des v. R. zu derjenigen Stelle (P_0) der SIEVERTfläche gehöre, an der $\lambda = 0$, $\cos\varphi = 1$ wird. Nach der eben angegebenen Methode können wir zu jedem Punkte einer SIEVERTfläche eine zugehörige B. des v. R. finden; C_1 und C_2 müssen geeignet gewählt werden. Hat man über C_1 und C_2 verfügt, so geben die Gleichungen 25, die ja noch den Parameter C enthalten, eine Verbiegung des v. R. an.

§ 5.

Zur Ausdehnung des LIEBMANNschen Satzes auf das v. R. hat man nicht nur einen Fall zu betrachten wie bei der Kugel; bei dieser sind alle Punkte gleichwertig, es ist gleichgültig, wessen Umgebung ausgeschnitten, an welcher Stelle die Kugel „angebohrt" wird. Statt dessen müssen bei dem v. R. alle Punkte eines beliebigen Meridianquadranten in Betracht gezogen werden. Gleichwohl werden doch nicht alle in § 4 angegebenen Flächen hier benötigt. Die für die Kugel benützten SIEVERTflächen enthalten einen Parameter (C), die Flächen des § 4 aber drei (C, C_1, C_2). Wir können daher noch einen Parameter beliebig, z. B. $C_2 = 0$ wählen; das entspricht der Beschränkung auf solche B. des v. R., die zu in der x, y-Ebene gelegenen Punkten ($u = 0$; $U' = 0$) der SIEVERTflächen gehören. Auch brauchen nicht alle Werte des Parameters C_1 gewählt zu werden. Es genügt, die Flächen zu betrachten:

$$C_2 = 0; \; C_1 \geqq 1, \tag{50}$$

wobei μ_1 (46; 49), als der zu $C_1 = \infty$ gehörige Wert, mit einbegriffen werden soll. Nun ist (44; 49):

$$\lambda = \frac{\left(U - i\sqrt{1-k^2}\,U' + kV - \sqrt{1-k^2}\,V'\right) e^{\frac{kv}{\sqrt{1-k^2}}} - C_1\cdot\left(U + i\sqrt{1-k^2}\,U' + kV + \sqrt{1-k^2}\,V'\right) e^{\frac{iu}{\sqrt{1-k^2}}}}{\left(U - i\sqrt{1-k^2}\,U' - kV + \sqrt{1-k^2}\,V'\right) e^{\frac{kv}{\sqrt{1-k^2}}} - C_1\cdot\left(-U - i\sqrt{1-k^2}\,U' + kV + \sqrt{1-k^2}\,V'\right) e^{\frac{iu}{\sqrt{1-k^2}}}} \tag{51}$$

Daraus ergibt sich für die zur Stelle $u = 0$; $v = v_0$ ($U' = 0$; $U = \frac{1}{\sqrt{C}}$; $V = V_0$; $V' = V_0'$) der SIEVERTfläche gehörige B. des v. R.

$$C_1 = \frac{\left(\frac{1}{\sqrt{C}} + kV_0 - \sqrt{1-k^2}\,V_0'\right) e^{\frac{kv_0}{\sqrt{1-k^2}}}}{\frac{1}{\sqrt{C}} + kV_0 + \sqrt{1-k^2}\,V_0'} \tag{52}$$

(z. B. ist für die zum Punkte $u = v = 0$ ($v_0 = 0$; $V_0' = 0$) gehörige Fläche $C_1 = 1$).

Die zu $u = 0$, $v = v_0$ gehörige Fläche hat also die Form 25; darin sind x, y, z; X, Y, Z durch 11, 12, $\cos\varphi$ durch $\frac{1 - |\lambda|^2}{1 + |\lambda|^2}$, hierin λ durch 51, C_1 durch 52 zu ersetzen.

Die Formel für $\cos\varphi$ soll nur in einem speziellen Falle ausführlich geschrieben werden. Aus 51 ersieht man aber schon, daß $\cos\varphi$, wenn u durch $-u$ ersetzt wird, seinen Wert nicht ändert. Danach haben die Flächen (50), ebenso wie die SIEVERTflächen, die x, y-Ebene als Symmetrieebene und besitzen eine in dieser Ebene gelegene Doppelkurve. Die ihr entsprechenden Punkte der SIEVERTflächen liegen für hinreichend großes C beliebig wenig von der Doppelkurve der SIEVERTflächen entfernt, und die Länge der Doppelkurve wird für solche C, wie die der Doppelkurve der SIEVERTfläche, beliebig klein.

Es fragt sich, ob, abgesehen von der angegebenen, für großes C unwesentlichen Einschränkung des Bereichs der Veränderlichen u, die B. des v. R. Singularitäten aufweisen in Punkten, die den Punkten des stets betrachteten singularitätenfreien Stückes der SIEVERTflächen entsprechen. Wir betrachten daher die Größe $\mathfrak{E}\mathfrak{G}-\mathfrak{F}^2$. Nach 26 ist

$$\mathfrak{E}\mathfrak{G}-\mathfrak{F}^2=(\sqrt{E}+k\cos\varphi\sqrt{G})^2\cdot(\sqrt{G}+k\cos\varphi\sqrt{E})^2+k^2\sin^2\varphi \tag{53}$$
$$\left[(\sqrt{E}+k\cos\varphi\sqrt{G})^2\left(\frac{\partial\varphi}{\partial v}\right)^2+(\sqrt{G}+k\cos\varphi\sqrt{E})^2\left(\frac{\partial\varphi}{\partial u}\right)^2\right]$$

Da $E>G$ und $k<1$, kann $\mathfrak{E}\mathfrak{G}-\mathfrak{F}^2$ höchstens dort verschwinden, wo
$$\sqrt{G}+k\cos\varphi\sqrt{E}=0,\quad \text{d. h. nach 13}$$
$$\cos\varphi=-\frac{2UV}{k(U^2+V^2)}\ \text{ist.} \tag{54}$$

Bei dem Grenzübergang (14, 15) geht aber die rechte Seite dieser Gleichung für alle endlichen Werte von $\operatorname{tg}\mathfrak{u}$ und $\operatorname{tg}\mathfrak{v}$ in $-\frac{1}{k}$ über, was wegen $k<1$ mit der linken Seite nicht verträglich ist. Das bedeutet, daß für hinreichend großes C Stellen der SIEVERTflächen, an denen die Gleichung 54 bestehen könnte, in beliebiger Nähe des Randes unseres Flächenstückes (der SIEVERTfläche) liegen müssen. Für genügend großes C haben also unsere B. des v. R. ebenso wie die SIEVERTflächen ein singularitätenfreies Stück, dessen sphärisches Bild fast die ganze Kugel (mit Ausnahme der Umgebung nur eines Punktes) überdeckt. Wir werden noch zeigen, daß bei unbegrenzt wachsendem C unsere Flächen tatsächlich in verlängerte Rotationsellipsoide übergehen.

Zuvor sollen noch die letzten allgemeinen Erwägungen erläutert werden durch Untersuchung des besonders einfachen Spezialfalles:

$$\lambda=\lambda_1=\frac{U+kV+i\sqrt{1-k^2}\,U'+\sqrt{1-k^2}\,V'}{-U+kV-i\sqrt{1-k^2}\,U'+\sqrt{1-k^2}\,V'} \tag{55}$$

Hier ist:

$$(56)\qquad \cos\varphi = \frac{-2U(kV+\sqrt{1-k^2}V')}{U^2+(1-k^2)U'^2+(kV+\sqrt{1-k^2}V')^2}$$

Die Bedingung 54 kann nun auf die Form gebracht werden:

$$(57)\qquad \sqrt{1-k^2}(U^2-V^2)\left[kV'-\sqrt{1-k^2}(C+1)V\right]=0,$$

oder, da $k<1$, $U\geqq\frac{1}{\sqrt{C}}$, $V\leqq\frac{1}{\sqrt{C+1}}$ und $V''=-(C+1)V$:

$$(58)\qquad kV'+\sqrt{1-k^2}V''=0$$

Das ist aber gerade die Ableitung des in 56 enthaltenen Ausdrucks $kV+\sqrt{1-k^2}V'$. An den Stellen, an denen 58 erfüllt ist, verschwindet daher nicht nur $\sqrt{G}+k\cdot\cos\varphi\sqrt{E}$, sondern auch $\frac{\partial\cos\varphi}{\partial v}$ und somit nach 53 überhaupt $\mathfrak{E}\cdot\mathfrak{G}-\mathfrak{F}^2$. 57 und 58 sind erfüllt für:

$$V=\frac{k}{\sqrt{C+1}\sqrt{(1-k^2)\cdot C+1}};\quad V'=\frac{\sqrt{1-k^2}\sqrt{C+1}}{\sqrt{(1-k^2)C+1}}\qquad \text{(vgl. 6)}$$

Diese Linie der SIEVERTfläche liegt nun, wie nach dem Obigen zu erwarten war, in der Tat für genügend großes C dem Rande ($V=0$; $V'=1$) beliebig nahe. (Übrigens sind für $V=0$ ($k\neq 0$) die Flächen regulär.)

Um noch zu zeigen, daß unsere Flächen stetig in Rotationsellipsoide übergehen, führt man zunächst (vgl. 14, 15) $\mathfrak{u}$ und $\mathfrak{v}$ ein; dann erhält man in der Grenze aus 51:

$$(59)\qquad \begin{aligned}\lambda &= \frac{1+k+i\sqrt{1-k^2}\operatorname{tg}\mathfrak{u}+\sqrt{1-k^2}\operatorname{tg}\mathfrak{v}}{1-k+i\sqrt{1-k^2}\operatorname{tg}\mathfrak{u}-\sqrt{1-k^2}\operatorname{tg}\mathfrak{v}}\\ &\quad\frac{-C_1\cdot(1+k-i\sqrt{1-k^2}\operatorname{tg}\mathfrak{u}-\sqrt{1-k^2}\operatorname{tg}\mathfrak{v})}{-C_1\cdot(-1+k+i\sqrt{1-k^2}\operatorname{tg}\mathfrak{u}-\sqrt{1-k^2}\operatorname{tg}\mathfrak{v})}\end{aligned}$$

(60) und aus 52: $$C_1=\frac{\sqrt{1+k}+\sqrt{1-k}\operatorname{tg}\mathfrak{v}_0}{\sqrt{1+k}-\sqrt{1-k}\operatorname{tg}\mathfrak{v}_0}$$

Mit Benutzung der Abkürzung:

$$(61)\qquad \cos\Phi=\frac{(1-\operatorname{tg}^2\mathfrak{v}_0)(1-\operatorname{tg}^2\mathfrak{u}-\operatorname{tg}^2\mathfrak{v})+4\operatorname{tg}\mathfrak{v}\operatorname{tg}\mathfrak{v}_0}{(1+\operatorname{tg}^2\mathfrak{v}_0)(1+\operatorname{tg}^2\mathfrak{u}+\operatorname{tg}^2\mathfrak{v})}$$

ergibt sich für $\cos\varphi$ folgender Wert:

$$(62)\qquad \cos\varphi=\frac{\cos\Phi-k}{1-k\cos\Phi}$$

Nun läßt sich 61 wegen 16 auf die Form bringen:

$$(63)\qquad \cos\Phi=(x-1)\cos 2\mathfrak{v}_0+y\sin 2\mathfrak{v}_0$$

Und da der zum Punkte P_0 ($\mathfrak{u} = 0$; $\mathfrak{v} = \mathfrak{v}_0$) gezogene Radius der Grenzkugel mit der x-Achse den Winkel $2\mathfrak{v}_0$ bildet, so besagt 62: Φ ist der Winkel, den der Radius zum Punkte P ($\mathfrak{u}$; $\mathfrak{v}$) mit dem zum Punkte P_0 bildet. Wird 62 nach $\cos\Phi$ aufgelöst, so ergibt sich:

$$(64) \qquad \cos\Phi = \frac{k + \cos\varphi}{1 + k\cos\varphi}$$

Wie man sich leicht klarmacht, ist dies aber gerade der Zusammenhang, der zwischen Φ und φ besteht, wenn die Enden der auf den Kugelradien abgetragenen Strecken $1 + k\cos\varphi$ auf einem v. R. liegen.

O sei der Nullpunkt unseres Koordinatensystems. Handelt es sich um die Verbiegung eines v. R., bei dem die Umgebung einer bestimmten Stelle L ausgeschnitten ist, so soll in der Grenze L auf OM liegen. M ist der L benachbarte Brennpunkt des v. R.; wird ferner der M benachbarte Scheitel des v. R. mit S bezeichnet, so stellt $\mathfrak{v}_0$ die Hälfte des Winkels LMS dar. Der zu dem so angebohrten Ellipsoid gehörige Wert von C_1 wird aus 60 gefunden.

Für ein in einem Punkte des Äquators angebohrtes Ellipsoid sind die beiden Brennpunkte gleichwertig; hier ist $\cos 2\mathfrak{v}_0 = -k$, daher:

$$\operatorname{tg}\mathfrak{v}_0 = \frac{\sqrt{1+k}}{\sqrt{1-k}}$$

Dazu liefert 60 den Wert $C_1 = \infty$, d. h. es ist $\lambda = \lambda_1$ (55); die betr. Flächen sind die schon besprochenen, deren Gleichungen von allen die einfachsten sind; ihre Bedeutung ist mithin klargestellt.

Zum Schlusse sei noch bemerkt, daß zu jeder unserer B. des v. R. außer der Ausgangsfläche noch eine zweite B. der Kugel angegeben werden kann. Die Frage, ob unter diesen durch einfache Rechnung zu gewinnenden Flächen konstanter Krümmung irgendwelche unser Interesse beanspruchen könnten, soll indessen nicht mehr erörtert werden.

6. KRULL, WOLFGANG. Die verschiedenen Arten der Hauptidealringe. Reichsmark 0·50
7. ROESER, ERNST. Übergang von der nichteuklidischen Streckentrigonometrie zur Winkelmessung. Reichsmark 0·30
8. WELLSTEIN, JULIUS. Zur Differentialgeometrie der isotropen Kurven. Reichsmark 1·50
9. EWALD, RUDOLF. Die geodynamischen Erscheinungen des krystallinen Odenwaldes als Beispiel einer geoisostatischen Ausgleichsschwingung. Reichsmark 1·50
10. VOELCKER, ILSE. Über eine ganz junge Verwerfung bei Rauenberg im Kraichgau. Reichsmark 0·30
11. LIEBMANN, HEINRICH. Die Aufschließung von Differentialinvarianten Reichsmark 0·50

Abteilung B. Biologische Wissenschaften.

Jahrgang 1923.

1. KOSSEL, A. und R. E. GROSS. Über die Darstellung und quantitative Bestimmung des Arginins. Reichsmark 0·30

Von Jahrgang 1925 ab findet die Trennung in Abteilung A und B nicht mehr statt.

Jahrgang 1925.

1. HEFFTER, LOTHAR. Zur absoluten Geometrie II. Reichsmark 0·50
2. ROESER, ERNST. Die komplementären Figuren der nichteuklidischen Ebene. Reichsmark 0·50
3. FLADT, KUNO. Neuer Beweis f. d. Zuordnung von rechtwinkligem Dreieck und Spitzeck in der hyperbolischen Elementargeometrie. Reichsmark 0·30
4. SALOMON, WILHELM. Beobachtungen über Harnische. Reichsmark 0·70
5. LOEWY, A. Beiträge zur Algebra. 1—4. Reichsmark 1·—
6. HELLPACH, WILLY. 2. Mitteilung zur Physiognomik der deutschen Volksstämme. Reichsmark 0·30
7. LOEWY, ALFRED. Neue elementare Begründung und Erweiterung der Galoisschen Theorie. Reichsmark 2·—
8. CURTIUS, THEODOR und BERTHO, ALFRED. Einwirkung von Stickstoffkohlenoxyd und von Stickstoffwasserstoffsäure unter Druck auf aromatische Kohlenwasserstoffe. Reichsmark 0·40
9. ROESER, ERNST. Die gnomonische Projektion in der hyperbolischen Geometrie. Reichsmark 0·70
10. RASCH, G. Uber die Ausnützung der Gezeiten des Meeres zur Energiegewinnung. Reichsmark 0·80
11. SALOMON, WILHELM. Magmatische Hebungen. Reichsmark 1·20
12. PÜTTER, A. Altersbestimmungen an Drachenbäumen von Tenerife. Reichsmark 0·90
13. VOLK, OTTO. Über geodätische rhombische Kurvennetze auf krummen Flächen, insbesondere auf Flächen konstanter Krümmung. Reichsmark 1·10
14. ROESER, ERNST. Die Fundamentalkonstruktion der hyperbolischen Geometrie. Reichsmark 1·40
15. RÜGER, L. und RÜGER-HAAS, P. Palaeosemaeostoma geryonides v. Huene sp., eine sessile Meduse aus dem Dogger von Wehingen in Württemberg und Medusina liasica nov. sp., eine Coronatenähnliche Meduse aus dem mittleren Lias von Hechingen in Württemberg. Reichsmark 1·50

Jahrgang 1926.

1. KRULL, WOLFGANG. Theorie und Anwendung der verallgemeinerten Abelschen Gruppen. Reichsmark 1·70
2. KLEBS, GEORG. Über periodisch wachsende tropische Baumarten. Reichsmark 1·20
3. MÜLLER, MAX. Über die Oberfläche von Flächenstücken. Reichsmark 1·20
4. ERNST, MAX. Über Anlagen von Organen, die nicht zur Ausbildung gelangen. Reichsmark 0·50
5. ERNST, EMIL. Die optischen Eigenschaften des Andesins von Bodenmais. Reichsmark 1·10
6. LIEPMANN, WILHELM. Leichengeburt bei Ichthyosauriern. Reichsmark 0·90
7. KLEBS, GEORG. Über die Längenperiode der Internodien. Reichsmark 2·40
8. JOST, L. und v. UBISCH, G. Zur Windefrage. Reichsmark 0·80
9. SALOMON, WILHELM. Gibt es Gesteine, die für bestimmte Erdperioden charakteristisch sind? Reichsmark 0·30
10. ROESER, ERNST. Der reelle Übergang zwischen den beiden nichteuklidischen Geometrien und ihrem Parallelenbegriff. Reichsmark 1·20
11. SALOMON, WILHELM. Kugelförmige Absonderung. Reichsmark 0·80
12. SALOMON, WILHELM. Felsenmeere und Blockstreuungen. Reichsmark 0·80
13. SALOMON, WILHELM. Die Gruppendefinitionen in der Paläontologie. Reichsmark 0·90

Jahrgang 1927.

1. LOEWY, ALFRED. Neue elementare Begründung und Erweiterung der Galoisschen Theorie. Reichsmark 1·60
2. LIEBMANN, HEINRICH. Rhombische Geradennetze im Raum. Reichsmark 1·—
3. VOLK, OTTO. Über geodätische Dreiecksnetze auf Flächen konstanten Krümmungsmaßes. Reichsmark 1·80
4. PÜTTER, A. Chemische Reizwirkung und Giftwirkung. Mit einem mathematischen Anhang: Ein Diffusionsproblem von E. TREFFTZ. Reichsm. 2·40
5. REMBS, EDUARD. Die Verbiegung des verlängerten Rotationsellipsoids. Reichsmark 1·60

Abhandlungen der Heidelberger Akademie der Wissenschaften

Mathematisch-naturwissenschaftliche Klasse

Abteilung A

12. MOHR, ERNST. Über den Zusammenhang zwischen der Struktur und den morphologischen Merkmalen des Diamanten. 1924. Reichsmark 3·50
13. REINMUTH, KARL. Die Herschel-Nebel, nach Aufnahmen der Königstuhl-Sternwarte. 1926. Reichsmark 20·—
14. SALOMON, WILHELM. Die Erbohrung der Heidelberger Radium-Sol-Therme und ihre geologischen Verhältnisse. 1927. Reichsmark 8·—

Druck: Hermann Böhlaus Nachfolger Hof-Buchdruckerei G. m. b. H. Weimar.

FSC
www.fsc.org
MIX
Papier | Fördert
gute Waldnutzung
FSC® C083411

Zeitfracht Medien GmbH
Ferdinand-Jühlke-Straße 7
99095 Erfurt, Deutschland
produktsicherheit@kolibri360.de